MOYENS DE RENDRE

AUX

CÔTES NORD D'AFRIQUE

TOUS LES

PRINCIPES DE FÉCONDITÉ

DONT ELLES SONT SUSCEPTIBLES

En réponse aux articles de M. Émile CARREY, insérés dans le *Moniteur universel*,

PAR

CÉLESTE DUVAL

Inspecteur de colonisation en Algérie, membre de l'Académie nationale, de la Société
d'Encouragement, de la Société de Colonisation, etc.

PARIS

IMPRIMERIE CENTRALE DE NAPOLÉON CHAIX ET Cie

Rue Bergère, 20, près du boulevard Montmartre.

1859

MOYENS DE RENDRE

AUX

CÔTES NORD D'AFRIQUE

TOUS LES

PRINCIPES DE FÉCONDITÉ

DONT ELLES SONT SUSCEPTIBLES

En réponse aux articles de M. Émile CARREY, insérés dans le *Moniteur universel,*

PAR

CÉLESTE DUVAL

Inspecteur de colonisation en Algérie, membre de l'Académie nationale, de la Société
d'Encouragement, de la Société de Colonisation, etc.

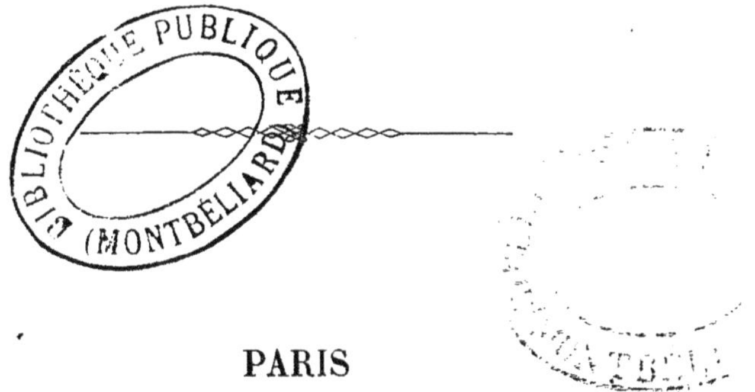

PARIS

IMPRIMERIE CENTRALE DE NAPOLÉON CHAIX ET Cie
Rue Bergère, 20, près du boulevard Montmartre.

1859

MOYENS DE RENDRE

AUX

CÔTES NORD D'AFRIQUE

TOUS LES

PRINCIPES DE FÉCONDITÉ

DONT ELLES SONT SUSCEPTIBLES

> Si les côtes nord d'Afrique sont nues
> et désertes, si leur aspect est morne et
> triste, il faut en accuser l'homme.

Non-seulement sur les côtes nord d'Afrique, mais sur le globe entier, les lois harmoniques de la nature, de cette mère nourricière de tous les êtres, sont interverties par de longs siècles de mutilations. Les plaines, les montagnes sont dépouillées du brillant vêtement de ces arbres, de ces forêts majestueuses qui les protégeaient et les couvraient de leurs ombres; les météores déchaînés ne s'annoncent plus que par des ravages et de sinistres mugissements.

Je cite comme exemple les provinces de Constantine, d'Alger, celle d'Oran. Cette dernière, où existe l'abandon le plus grand et où règne la désolation, avait fait naître chez moi l'idée d'écrire sur cet important sujet ; je n'hésite plus, en présence des articles publiés par M. Emile Carrey, depuis longtemps déjà, dans le *Moniteur universel.*

Depuis l'océan Atlantique jusqu'aux ruines de Carthage, et depuis les ruines de la célèbre fille de Sidon jusqu'à l'océan de sables de la Libye, jusqu'en Asie, et l'Asie se trouve dans la même position, de même que l'Europe et déjà quelques contrées de l'Amérique, de ce jeune monde, les sources se dessèchent, les ruisseaux ne s'écoulent plus qu'avec lenteur ou disparaissent.

En Algérie, les fleuves, les rivières, les ruisseaux, les sources ne versent et ne donnent leurs eaux que par intermittence, et ces eaux, que la main de l'homme ne dirige plus depuis des siècles, sont devenues stagnantes et forment, pendant cinq et six mois de l'année, dans les riches plaines de cette colonie, dans les bas-fonds où elles s'arrêtent, n'ayant plus d'issues, autant de marais sinueux, autant de marécages nuisibles à la santé de l'homme.

Des vents jadis inconnus, auxquels les déboisements ont donné une existence moderne, ravagent aujourd'hui les côtes nord d'Afrique et tout le pays ; l'inclémence toujours croissante des températures et des saisons arrête partout sur ces côtes la volonté de la nature ; la terre y perd tous les jours quelque élément de sa fécondité ; de son sein, que de continuelles dévastations dénaturent, sortent des cohortes de maladies ; partout sur ces côtes infortunées les arbres nourriciers sont enlevés aux campagnes découvertes, aux montagnes dénudées !

Combien ont changé, depuis la conquête, depuis vingt-neuf années seulement, les riches côtes algériennes !

Quelles sont donc les causes de changements si prompts ?

On cherche à les faire retomber sur le sol, sur les températures ; on voudrait accuser le soleil ! — Impossible.

Le charme de la vie, je le dis, n'existe plus sur ces côtes autrefois si riches et si belles, et l'homme est menacé de n'y plus pouvoir vivre que dans les privations et les souffrances, si de prompts remèdes ne sont pas apportés.

L'Algérie a été insensiblement dégradée ; depuis les frontières de la régence de Tunis jusqu'à celles du Maroc, sur une longueur de côtes d'environ 1,000 kilomètres, et dans une profondeur de 40 à 80 lieues (étendue qui renferme l'Algérie), à l'exception de quelques rares montagnes encore boisées en Kabylie, les campagnes, les plaines et les vallées sont découvertes, elles font face aux quatre vents cardinaux et sont tourmentées par tous les vents. Le laboureur, les moissonneurs et les animaux, exténués de fatigue et de chaleur, n'y peuvent trouver aucun ombrage ; les récoltes y sont brûlées et renversées par les vents dévastateurs.

Parmi les terrains cultivés ou incultes et abandonnés de ces pays jadis boisés, on ne voit plus que deux arbres maigres : sur l'un est perché un oiseau de nuit, sur l'autre un oiseau de proie ; on voit planer la buse, le milan, l'aigle, le gypaète et le vautour, cherchant un faible oiseau à dévorer.

Les arbres, les forêts qui ornaient et rafraîchissaient le vieux monde africain, sur près de 1,000 lieues de longueur, ont été brûlés, coupés, mutilés, et sont éloignés de 160 et 320 kilomètres des rivages de la mer dont ils embellissaient les bords On ne voit plus sur son sol que quelques pauvres oasis, que des broussailles appauvries, que des plaines marécageuses et envahies par des herbes aquatiques.

La haute végétation étant entièrement détruite sur ce sol nu, les lois de l'attraction, de cette attraction qui existe entre les mers et les parties boisées, ont dû éprouver une interversion successive. Des vides immenses se sont ouverts à l'action trop immédiate du solei et ont donné naissance à des courants, à des vents nouveaux, causes d'un grand nombre des maux dont l'Algérie se plaint.

Les vents étranges qui existent dans la province d'Oran ne prouvent-ils pas suffisamment cet ordre d'idées ?

Toutes les côtes déboisées ne sont-elles pas condamnées à être ravagées par des vents impétueux? Voyez les côtes d'Espagne et celles du midi de la France.

Voici une remarque que j'ai faite, et qui ne peut laisser aucun doute sur la naissance des vents et des courants occasionnée par les vides ouverts :

Dans la province d'Alger, les vents les plus violents, en hiver, et les plus fréquents soufflent de l'ouest. La partie de l'Algérie située entre la régence de Tunis et Alger est mieux boisée que celle qui se trouve entre le Maroc et la même ville d'Alger.

Dans la province d'Oran, au contraire, j'ai remarqué que les vents les plus forts soufflent de l'est, les contrées boisées étant moins dévastées du côté du Maroc et dans le Maroc que sur les côtes, entre Oran et Alger.

L'action de la Méditerranée ayant donc perdu son appui attractif et correspondant des forêts, des parties boisées, la marche des météores et l'ordre même des saisons ont dû s'éloigner tous les jours davantage des lois primitives et abandonner le nord du sol africain. Les nuages, les arbres ayant été détruits, ont dû cesser de s'arrêter sur ces côtes pendant la saison chaude, huit mois de l'année, pour suivre la route attractive des continents mieux boisés, moins dévastés ou plutôt celles des pôles, ou bien encore pour se diriger vers les hautes montagnes qui existent dans l'intérieur et le sud de l'Afrique, et dont les peuplades à demi sauvages de ces contrées ont respecté le vêtement arborescent.

D'un autre côté, ces nuages, pendant les quatre autres mois de l'année, doivent tomber sur ces mêmes côtes par torrents et comme des déluges. En voici la cause :

En Europe, pendant la saison hivernale, toute espèce de végétation est arrêtée, et le ciel se couvre de nuages sans nombre; sur les côtes d'Afrique, au contraire, la végétation devient vigoureuse et superbe, les rayons solaires ayant moins d'ardeur et cessant de dessécher le sol et de brûler les végétaux qu'il produit.

Vers le milieu de l'automne, l'humidité intérieure n'étant plus refoulée par les rayons ardents du soleil d'été, attentive à sortir, s'élève et s'enfuit en vapeurs bienfaisantes et en rosées qui s'étendent sur la surface de la terre, bientôt devenue humide; les sources et les ruisseaux renaissent, grossissent; les racines et les touffes vivaces mais desséchées des végétaux herbacés, commencent à pousser leurs feuilles et leurs tiges; les troncs et les souches sèches des arbres et arbustes développent leurs bourgeons et leurs rameaux; tout ce qui compose le règne végétal pouss alors avec une vigueur extrême, inconnue à l'Europe, et la nature devient resplendissante de force, de vigueur et de beauté sur cette terre qui, quelques jours auparavant, paraissait stérile et comme déshéritée de toute végétation.

Pendant ce temps les nuages s'amoncellent et s'entassent dans le nord du monde; ils cachent entièrement le ciel, privent la terre des rayons du soleil, et l'hiver, dans sa rigueur glacée, arrête entièrement toute espèce de végétation; quelques-uns de ces nuages, refoulés par d'autres qui s'avancent et s'entassent toujours, se détachent, la puissance attractive de la terre étant devenue moins puissante; ils courent çà et là, passent, poussés par les vents, au-dessus de cette verdoyante végétation qui couvre les côtes nord d'Afrique, et, se trouvant arrêtés par la force attractive de tant de végétaux herbacés et autres, se crèvent et tombent par torrents sur ces côtes qu'ils inondent de leurs eaux, déjà impatientes de remonter dans les régions supérieures aux premiers rayons ardents du soleil du printemps, qui les enlèvent aussitôt.

La nature, flétrie dans le nord de l'Afrique, demande à être régénérée et à reprendre son ancien vêtement végétal, et cette nature, toujours bienveillante, est prête à décorer encore le sol africain de nouveaux et riches paysages, à y répandre partout la vie et la sérénité. Les vents et les pluies, par des plantations raisonnées, sur ce sol comme sur le globe entier, dans l'ancien

monde, peuvent rentrer dans le cercle de leurs fonctions primor-
diales; les climatures peuvent reprendre leurs chaleurs humides
primitives; les vents dévastateurs peuvent disparaître et les saisons retomber dans leur route astronomique.

*L'homme ne peut changer la nature ; il ne peut la forcer dans les
lois qui la gouvernent ; mais il peut, en lui rendant ce qu'elle exige,
rétablir l'équilibre que son ignorance et son esprit de dévastation ont
détruit dans l'ordre établi ; il peut même, par le travail et la persévérance, transformer le sol et commander aux températures ; il peut,
dans certaines contrées privées des riches dons du Créateur et comme
déshéritées par lui, faire exister l'harmonie des éléments sans laquelle la terre reste stérile et nue, et que ces contrées n'ont jamais
connue.*

Voyez l'Afrique, l'Asie aux premiers temps.

Vous remarquerez des pays ravissants ; votre esprit s'arrêtera
sur des palmiers peuplés d'oiseaux, sur des rochers tapissés de
verdure et versant l'eau par cascades; vous découvrirez des
groupes sans nombre d'habitations où la richesse abonde.

Portez aujourd'hui vos regards sur ces deux parties du monde.

Les arbres et les forêts ont disparu, le fer et le feu les ont détruits, et les habitants travaillent journellement encore à enlever
les jets que leurs souches s'efforcent de donner; vous verrez les
sites des mêmes pays incultes et stériles, les rochers dépouillés
de leur vêtement, privés de cascades, la terre sans ombrage,
brûlée par le soleil et couverte de profondes et nombreuses cre-
vasses, les animaux et les oiseaux s'enfuyant avec leurs générations ; vous rencontrerez au milieu de plaines arides des ruines
habitées par des reptiles ; vous verrez le bœuf, la vache, la chèvre et le cheval, déplorant dans une attitude triste la perte de
leurs pâturages.

Portez maintenant vos regards sur les contrées du nouveau
monde où l'homme civilisé n'a pas encore pénétré, que l'Européen n'a encore ni exploitées ni dévastées, et votre étonnement
sera grand !

Dans la stérile nudité de la Palestine, qui n'offre plus, sur une terre aride et sillonnée, que quelques vieux palmiers épars çà et là, qui reconnaîtrait de nos jours cette belle terre de Chanaan, promise et donnée par Dieu à son peuple comme le pays le plus fertile du monde ?

Qui, en voyant les eaux vaseuses du Jourdain, se rappellerait le beau fleuve de la vallée de Josaphat ?

Qui reconnaîtrait aujourd'hui, dans la plaine de la Métidja, cette belle et riche plaine appelée par les Arabes, il y a peu d'années encore, la mère du pauvre, l'ignorance de la faim ?

Antiques plaines de Ninive et de Babylone, fertiles pays de Carthage et de Sabrata, autrefois peuplés et florissants, où sont vos richesses agricoles ?

Tout a disparu par les déboisements et l'abandon.

Peut-on douter, en présence de semblables tableaux ?

A l'effet de prouver que l'homme peut transformer la nature du sol, commander aux températures et faire exister l'harmonie des éléments dans des contrées qui ne l'ont pas connue, je cite, comme exemple entre tant d'autres, les résultats obtenus dans l'île de l'Ascension, ce rocher volcanique dévoré par le soleil et longtemps célèbre par son aridité et sa nudité absolue, mais qui, entre les mains d'une poignée d'hommes intelligents, est en voie de complète transformation.

Puisse cet exemple être suivi !

L'île de l'Ascension se trouve dans l'océan Atlantique austral, entre l'Amérique et l'Afrique, dernier continent dont elle conserve le climat torride.

Cette île était, il y a quelques années seulement, un rocher sans eau et à peu près sans végétation. Son sol, entièrement volcanique et composé de scories, passait pour être de la plus grande stérilité et même tout à fait incultivable. En 1834, quelques officiers anglais, de séjour dans cette île choisie comme station pour les navires en croisière sur les côtes d'Afrique, essayèrent d'y cultiver des légumes pour leur usage ; ils firent défricher

environ quinze hectares au sommet de la montagne la plus
élevée de l'île, là où les brouillards entretenaient un peu de fraîcheur, et ils récoltèrent quelques légumes, mais très-maigres.

Toutefois, on entrevit la possibilité d'établir des cultures
plus prospères. On travailla, on fit de nouveaux défrichements ;
on introduisit dans cette île des végétaux capables de s'y accli-
mater. Le sol volcanique de la haute montagne sur le sommet
de laquelle les défrichements avaient commencé, fut pulvérisé par
les instruments aratoires et devint d'une fertilité extraordinaire.

Les défrichements ont gagné insensiblement les vallées ; les
arbres, sur plusieurs points de l'île, ont commencé à étendre leur
ombrage bienfaisant et à donner des fruits. Parmi eux, le cèdre
et le pin n'ont pas tardé à atteindre un développement considé-
rable ; on y a bientôt vu des pêchers, des figuiers, des bananiers,
des orangers, et des néfliers du Japon.

Des têtes de gros bétail, des moutons, des chèvres, des bau-
dets ont été introduits ; les défrichements ont toujours conti-
nué ; les plantations d'arbres ont été multipliées de plus en plus ;
les cultures de toutes sortes ont été augmentées ; des légumes,
des pâturages ont couvert le sol ; les scories ont presque entièrement disparu sous la vigoureuse végétation du pourpier, des
chardons et des tomates, et, c'est là où je suis pressé d'arriver,
les pluies ont paru. (En juillet, août, septembre et octobre 1855,
il est tombé dans cette île quinze pouces (38 centimètres) d'eau,
ce dont les marins anglais n'avaient pas encore eu d'exemple
jusque-là.)

J'ai puisé ces renseignements dans la *Flore des Serres*, si sa-
vamment rédigée sous la direction de MM. J. Decaisne et Louis
Van Houtte.

L'île de l'Ascension, aride, d'une nudité absolue il y a vingt-
cinq années seulement, et qui paraissait alors incultivable, est
aujourd'hui une petite colonie, une oasis de verdure.

Par le travail et la persévérance, que ne pourrait pas
l'homme !

Dans le numéro du *Moniteur* du 14 septembre dernier, M. Émile Carrey, après une série d'articles sur l'Algérie, railleurs, critiques et dangereux, dit :

« Peut-être les continents ont-ils une existence, c'est à-dire une enfance, un âge mûr et une vieillesse, comme les individus, comme les nationalités, comme tout ici-bas ; peut-être l'Afrique du Nord n'a-t-elle plus déjà, sur quelques-unes de ses régions, ni la séve jeune et chaude de la jeune Amérique, ni la séve réglée de l'Europe ; peut-être est-elle fatiguée, usée, vieillie comme certaines parties de la vieille Asie elle-même. . . . .

» Est-ce un repos? dit cet auteur un peu plus loin. Est-ce une mort ? »

Ces suppositions ne peuvent être admises.

Sur les côtes nord de l'Afrique, l'harmonie des éléments a été détruite, et ces côtes attendent qu'elle reparaisse.

Si sur toutes les contrées qui ont été le berceau de l'homme, le sol terrestre garde çà et là une solitude désolée, les causes n'en doivent être attribuées qu'aux dévastations, qu'aux déboisements, qu'à l'abandon.

En se succédant sans relâche sur un sol, notre espèce humaine, comme semble le supposer M. Émile Carrey dans un de ses articles, ne peut incruster à ce sol *une empreinte d'usure*.

Ce que nous acceptons chaque jour du sol qui nous nourrit, ne le lui rendons-nous pas exactement chaque jour?

Bien mieux, le contraire doit avoir lieu, et tout tend à le prouver selon l'ordre établi d'après les lois de la nature : plus longtemps les contrées sont habitées, plus longtemps et plus elles sont cultivées, et plus elles doivent devenir fertiles, si l'homme sait user et profiter des moyens qui lui sont fournis.

Les contrées, les continents ne peuvent ni vieillir ni s'user, comme semble toujours le supposer M. Emile Carrey ; les fonctions qu'ils remplissent peuvent seulement être interrompues, si l'harmonie qui les dirige est détruite par l'ignorance et la malveillance de l'homme. Alors elles tombent dans un état de léthargie presque complet, qui dure jusqu'à ce que la même main qui a détruit cette harmonie la rétablisse.

Sans haute végétation l'accord primordial ne peut exister.

La vieille Asie ne possède plus de haute végétation ; l'Egypte est dénudée ; l'Europe même voit chaque jour ses forêts et ses parties boisées diminuer ! Telles sont les causes qui détruisent l'équilibre sur les côtes nord d'Afrique, dans le vieux monde asiatique et européen.

Les arbres de haute futaie, les forêts ont des rapports intimes avec l'économie rurale, leur influence est incontestable sur l'accord des éléments ou des météores qu'ils vivifient et qu'ils dirigent ; les détruire sans les renouveler, c'est détruire l'équilibre et enlever au globe les moyens qui lui ont été donnés de produire.

A la régénération de la haute végétation s'attache le retour de l'harmonie des éléments ; de la présence des arbres dépendent l'augmentation ou la diminution des eaux vaporisées ; de leur absence dépendent le desséchement de la terre, l'altération des climatures et des saisons.

Un moyen naturel existe dont l'emploi facile peut adoucir les maux présents et amener peu à peu le rétablissement de l'accord primordial, tellement altéré dans le nord de l'Afrique que l'homme est menacé, comme je l'ai déjà dit, de n'y plus exister que dans les privations et les souffrances.

Ce moyen, il faut le chercher dans les reboisements, dans les plantations et dans la conservation des parties de broussailles rabougries qui existent sur les hautes montagnes.

Quand il s'agit de bâtir, a dit le sage Caton dans son livre de la Vie rustique, *il faut longtemps délibérer, et souvent ne point bâtir; mais quand il s'agit de planter, il serait absurde de délibérer ; il faut planter sans délai.*

Plusieurs fermes dont les constructions sont gigantesques, dans les départements d'Oran et d'Alger, et qui ont été placées à grands frais au milieu de quelques hectares mal défrichés et incultes, privés d'arbres, m'ont rappelé ce passage de l'oracle des vertus utiles, *le sage Caton.*

Des reboisements *seuls* dépend la possibilité de rendre les pluies régulières ; de diminuer la violence des vents dévastateurs ; d'assurer les récoltes d'une manière plus constante ; de rendre les pluies moins torrentielles ; d'augmenter les eaux des fleuves, des rivières, des ruisseaux et des sources ; d'assainir les marais ; de faire fructifier les contrées stériles, enfin de vivifier, d'embellir la nature en doublant la richesse des campagnes.

Tel est le véritable remède à apporter au mal qui existe ; mais ce remède n'est applicable qu'autant que le gouvernement interposera sa puissante autorité, que la haute administration chargée de diriger l'Algérie ordonnera que les conditions imposées aux colons soient entièrement remplies, ce qui n'a pas encore été exigé depuis 1830 : celles de planter un certain nombre d'arbres dans les terrains concédés.

Ce remède est d'une évidence si palpable, d'un ordre si naturel, qu'il peut, dans un temps très-court, changer les climatures de l'Algérie, et j'en ai cité un exemple dans la transformation de l'île de l'Ascension par la culture.

La loi éternelle des attractions a, avec l'action du soleil, pour agents principaux, les mers, les montagnes, les météores, les arbres et les forêts, dont les corrélations intimes et continues doivent entretenir l'harmonie des éléments pour la conservation de la nature.

Les arbres sont les siphons intermédiaires entre les nuages et la terre ; de leurs cimes attractives ils commandent au loin aux eaux voyageuses de l'atmosphère de venir verser dans leurs urnes les eaux qui doivent nourrir les sources, faire couler les ruisseaux, rafraîchir les prairies et féconder les germes confiés à la terre desséchée ; comme de leurs racines aspirantes ils transmettent par réciprocité du sein de la terre les fluides surabondants, incompressibles et compressibles, nécessaires aux régions supérieurs, après, toutefois, avoir conservé les quantités de ces éléments suffisantes pour leur nourriture.

Les arbres sont les régulateurs des sources et des climatures ;
ils sont les modérateurs des vents, auxquels ils opposent par leurs
branches et leurs feuillages comme un réseau qui les divise et
calme ainsi leur violence.

Outre ces grandes propriétés, ils possèdent encore celle de
renouveler sans cesse l'atmosphère, en changeant sans cesse l'air
vicié ou méphitique en air vital : la nature leur a affecté la mis-
sion spéciale de purifier la terre des miasmes putrides qui s'en
exhalent, surtout des marais et des eaux stagnantes ; ils dévorent
ces gaz malfaisants pour la santé de l'homme, s'en nourrissent
et en deviennent plus vigoureux et plus beaux ; ils les élaborent,
comme la chèvre élabore la ciguë, et les expirent ensuite en
air pur et salubre. Les contrées et les pays chauds qui se trouvent
privés d'arbres, de ces puissants préservatifs de la santé de
l'homme, offrent sans cesse l'affligeant spectacle de populations
entières moissonnées par les fièvres intermittentes, pernicieuses
et putrides.

Triste position dans laquelle se trouvent les côtes nord d'Afrique !

Les grands végétaux remplissent visiblement, après le soleil, le
plus grand ministère ; ils semblent destinés à régir toutes les
harmonies du globe. Sous leur heureuse influence tout vit et
prospère ; mais dès qu'ils disparaissent, les sources tarissent, les
rosées s'éloignent, les prairies perdent leur fraîcheur, la terre se
dessèche, les oiseaux et les animaux diminuent, enfin la marche
des météores s'intervertit.

Sur toutes les côtes déboisées du nord de l'Afrique, autrefois
resplendissantes de la magnificence de la nature, les habitants
sont réduits aujourd'hui à défendre un filet d'eau. Les fontaines
ensevelies dans les ruines des forêts sont remplacées par des
puits *fortifiés*, qui sucent avec effort du sein de la terre des eaux
dures et froides, souvent salées ou amères.

*Tel est le plus grand nombre des sources de la province d'Oran,
province abandonnée, la plus misérable, la plus dénudée des trois
qui forment l'Algérie.*

En 1850, dans un voyage que j'ai fait d'Alger à Bengasi, fron -

tière d'Egypte, je m'arrêtai dans les ruines de Sabrata, jadis grande et belle ville romaine. Là, à la vue de nombreux restes de fontaines, de tuyaux de conduites, je crus qu'il me serait facile de découvrir quelques sources, quelques ruisseaux. Pendant plus d'une heure, je parcourus les rues encore marquées de cette ville détruite ; je visitai les campagnes voisines de ses murs, espérant rencontrer un filet d'eau pour apaiser une soif ardente qui me dévorait ; mais ce fut en vain. Je ne trouvai qu'une seule source, éloignée des murs en ruines, dont les eaux étaient salées.

Tristes suites de l'abandon et des deboisements !

Lorsque les côtes nord d'Afrique, lorsque la province d'Oran seront reboisées, les eaux, sans aucun doute pour moi, redeviendront potables.

Portus-Magnus (vieil Arzew), dans la même province d'Oran, peut-il n'avoir été alimenté que par les eaux saumâtres dont les Betouas, Marocains établis dans les ruines de cette ancienne ville romaine, et les colons de Saint-Leu se servent aujourd'hui pour leurs besoins domestiques et pour abreuver leurs troupeaux ?

Cette supposition n'est pas admissible.

Si, au lieu d'avoir laissé engloutir et gaspiller trois ou quatre cent mille francs par le génie et le service des ponts et chaussées, pour faire des fouilles inutiles aux environs d'Arzew-le-Port, dans le but de procurer des eaux douces et potables à cette ville d'avenir, posée devant une rade, la plus sûre des côtes algériennes, on eût employé la moitié de cette somme à entourer d'arbres elle et ses environs, il est probable que des sources non salées auraient reparu, et le Trésor y eût gagné.

Cherchez, en longeant la côte nord d'Afrique, sous l'ombrage de quelques rares bouquets d'arbres de haute futaie que vous rencontrerez, et vous découvrirez des sources ou des suintements abondants.

Dans les plaines de la Mitidja, du Chelif, etc., je n'ai pas une fois rencontré cinq ou six arbres groupés sans trouver de l'eau.

Dans la province d'Alger, à Maelma, à Sainte-Léonie, à Saint-Ferdinand, etc., où il existe quelques bouquets de hauts trembles, vous verrez sortir du pied de ces arbres des sources abondantes.

A Hussein-Dey, à Birkadem, au Hamma, où les plantations sont nombreuses et vieillies, et où la terre est ombragée, les eaux ne sont-elles pas abondantes ? — Détruisez ces plantations, et les eaux auront bientôt disparu.

La corrélation qui existe entre les végétaux et les météores aqueux est bien démontrée; d'habiles physiciens ont constaté, par des expériences aussi ingénieuses qu'intéressantes, dans quelle proportion les branches et les feuillages des grands végétaux absorbent, par une attraction qui leur est propre, les flots d'eau vaporisée qu'ils distillent sur la terre, pour ensuite les pomper par leurs racines, après que ces flots d'eau réunis aux eaux des pluies ont suffisamment mouillé sa surface et y ont dissous les sels et les principes nutritifs nécessaires à leur nature.

Il résulte de ces expériences que la masse d'eaux que les forêts et tous les végétaux aspirent et respirent *est immense;* et comme la nature économe ne fait rien en vain, elle rend la même quantité par la transpiration de ces mêmes forêts et végétaux, par les fleuves, les rivières, les ruisseaux et les sources, pour former la rosée, les brouillards et les nuages.

Un arbre moyen soutire, par la force de succion de ses feuilles, de ses branches et de son écorce, 20 à 25 kilogrammes d'eau par jour qu'il fournit au sol, pour la reprendre ensuite par ses racines, puis la rendre en partie à l'atmosphère.

Ne paraît-il pas évident que les eaux, au lieu de rester continuellement enfermées dans l'intérieur de la terre, où elles croupissent et s'associent à une foule de sels que leur présence dissout, doivent nécessairement, après avoir été rendues plus abondantes, puis tirées et sucées par les racines des végétaux, puis rendues encore à la surface du sol par la transpiration, abandonner les sels auxquels elles s'étaient associées, et perdre par l'élaboration et la transpiration elle-même des végétaux leur goût amer et saumâtre ?

Par des plantations il est donc facile de rendre les eaux potables en Algérie.

Les plaines et les montagnes étant dénudées, privées de toute végétation, et le soleil élevant invariablement la même quantité d'eau dans les airs, on doit songer ce que doivent devenir ces mers suspendues, lorsque les arbres disparus des côtes africaines, où la force absorbante des rayons solaires est si puissante, ne peuvent plus pomper, aspirer les eaux que ces masses renferment.

Attribuées autrefois aux côtes nord d'Afrique pour les féconder, ces eaux, ne pouvant plus s'abattre, en l'absence des millions de siphons qui en réglaient le cours, sont, d'un côté, comme je l'ai déjà dit précédemment, attirées par les parties des continents mieux boisés, par les forêts encore existantes de l'intérieur de l'Afrique, par les hautes et nombreuses montagnes couvertes d'arbres et de broussailles épaisses qui se trouvent dans le sud de cette partie du monde, et se déversent sur ces contrées et sur les sommets élevés qu'ils vivifient.

D'un autre côté, la force attractive des arbres manquant entièrement, l'harmonie se trouve détruite, et les eaux, chassées précipitamment par les masses qui sans cesse leur succèdent pendant les huit mois des plus fortes chaleurs, lorsque les rayons du soleil, devenus ardents, dessèchent les rivières et les ruisseaux, tarissent les sources et brûlent toute végétation sur la surface du sol devenu sec, suivent, ce qui serait facile à prouver, la route de celles qui sont éternellement destinées aux pôles et aux glaciers des hautes montagnes, pour alimenter les réservoirs des mers et des fleuves.

Telles sont les puissantes causes qui expliquent ces quelques lignes de M. Emile Carrey, dans le *Moniteur* du 23 septembre dernier : « C'est à peine si de loin en loin quelques cirrus entassés viennent dormir un instant autour du sommet d'une haute montagne, puis partent comme ils sont venus, où Dieu les mène ! »

Tant que les côtes nord d'Afrique seront dénudées et privées de haute végétation, ces côtes, pendant huit mois de l'année, seront privées de pluies, et pendant les quatre autres seront écrasées par des pluies torrentielles que les premiers rayons du soleil d'avril enlèveront aussitôt, et dont ils détruiront l'effet sur le sol.

Les eaux avaient primitivement, avant les dévastations, une destination fixe, bienfaisante, dont l'homme a successivement dénaturé l'emploi, surtout depuis les immenses progrès que la civilisation a faits.

La civilisation nous entraîne dans une fausse route !

Les hommes aux premiers temps, les patriarches, tous les sages de l'antiquité, trouvaient leurs plus douces jouissances à donner à la nudité des campagnes l'utile vêtement d'un beau verger. C'est sous les frais ombrages qu'ils avaient créés, qu'ils savouraient les délices de la vie champêtre. Dans ces temps heureux et simples, c'était commettre une action pieuse de parer d'un paysage nouveau un coin de terre que la guerre, les outrages du temps ou des accidents avaient rendu inculte. Alors, au lieu de flétrir les dons du Créateur, on mettait une sorte de culte à les conserver ou à les réparer. L'amour de la postérité avait tous les attraits de la vertu, et en plantant un arbre utile on se voyait revivre et bénir pendant de longues générations.....

Ecoutons un moment Virgile, le peintre éloquent des plaisirs champêtres, sur ce qu'il dit du parti qu'on peut tirer du terrain le plus agreste :

« Près de la superbe ville de Tarente, dans cette contrée fertile qu'arrose le Galèse, je me souviens d'avoir vu autrefois un vieillard de Cilicie, possesseur d'une terre abandonnée qui n'était propre ni pour le pâturage ni pour le vigneron. Cependant il avait fait de ce terrain ingrat un agréable jardin où il semait quelques légumes bordés de lis, de verveines et de pavots. Ce jardin était son royaume. En rentrant le soir dans sa maison il couvrait sa table frugale de mets simples, produits de ses travaux. Les premières fleurs du printemps, les premiers fruits de l'automne naissaient pour lui. Lorsque les rigueurs de l'hiver fendaient la pierre et suspendaient le cours des fleuves, il émondait déjà ses acanthes, déjà il jouissait du printemps et se plaignait de la lenteur de l'été. Ses vergers étaient ornés de pins et de tilleuls. Les arbres donnaient, en automne, autant de fruits qu'au printemps ils avaient donné de fleurs. Il savait transplanter et aligner des ormeaux déjà avancés, des poiriers, des pruniers greffés sur l'épine déjà portant fruit, et des platanes déjà touffus, à l'ombre desquels il régalait ses amis. »

Si les colons, depuis l'occupation, avaient fait comme ce vieillard de Cilicie !

Tant vaut l'homme,
Tant vaut la terre.

Un autre sage de l'antiquité, après avoir longtemps médité sur la nature, disait que *la chute d'un arbre faisait trembler la terre...*

Ce mot était d'un grand sens. Un hêtre destiné à voir naître et passer dix générations et plus, à offrir pendant dix siècles ses tributs aux habitants de la terre, avait sûrement une autre destination que celle de gémir ignominieusement sous la cognée avant qu'on le recueillît dans sa vétusté.

Les thuyas, les oliviers, les cèdres, les chênes verts, les liéges, les caroubiers, les lentisques, les frênes, les ormeaux, les palmiers nains même, en Afrique, sont détruits, coupés, mutilés, brûlés chaque jour !

Ces arbres n'ont-ils pas des fonctions à remplir, comme le hêtre ?

La chute d'un de ces arbres devrait aujourd'hui, en Algérie, être considérée comme une calamité et faire trembler cette contrée.

Malheureusement l'utilité des arbres n'y est pas comprise ; le service forestier est très-mal fait dans les départements d'Alger et de Constantine, et n'existe pas dans celui d'Oran. Partout donc, sur les côtes algériennes, ont lieu la dévastation et la destruction.

Colon insensé, ennemi de toi-même, réfléchis, et au lieu de porter partout sur ces côtes la dévastation et la destruction, au lieu de les dénuder, de leur enlever un vêtement indispensable pour profiter de quelques quintaux de charbon et d'écorces douées de propriétés tannantes, mets-toi au travail, laboure tes champs exempts de broussailles, fais des plantations, défriche, entoure tes jardins et tes terrains d'arbres, et dans dix années tu seras riche et heureux ; tu pourras vivre dans l'abondance ! La terre, alors, ne sera plus pour toi *pelée, morne, aride à l'œil, miroitante sous le soleil qui la brûle ; l'abandon, la solitude et la mort ne sembleront plus planer dans l'air.*

Les Tartares du Daghestan, habitués à mener une vie nomade et à chercher sous les berceaux de la nature toutes leurs jouissances, ont une coutume fort sage qui leur tient lieu de loi et qu'ils observent rigoureusement. Personne, chez eux, ne peut se marier avant d'avoir planté, en un certain endroit marqué, *cent arbres fruitiers.* Grâce à cette législation régénératrice, qui remonte aux âges les plus reculés, les montagnes, les collines, les vallons et les plaines de cette belle région de l'Asie se trouvent couverts de forêts d'arbres fruitiers. Là, chaque chef de famille est un véritable patriarche dans son petit domaine, et, contents des riches dons de la terre, les hommes et les animaux coulent des jours heureux au milieu d'une abondance inaltérable.

L'Américain, lorsque la providence lui accorde un fils, plante un arbre à sa naissance. Cet arbre porte le nom de l'enfant, croît avec lui, partage les honneurs de l'anniversaire, fixe les attentions de la famille, et est ensuite honoré des hommages de la postérité. Ces végétaux de prédilection sont soignés par les familles avec un religieux orgueil ; d'âge en âge leur ombrage

devient plus vénérable et leurs fruits plus chers ; l'enfant at-
teint-il l'adolescence, la puberté, ou une autre époque de la vie,
la bonne mère charge de guirlandes de chèvrefeuilles, de violettes
et de roses les jeunes rameaux du frère d'adoption, sous le nais-
sant feuillage duquel se célèbre la fête de la tendresse. Devient-il
père à son tour, alors le jour de son anniversaire, assis sous le
dais de la verdure fraternelle, entouré de ses dieux lares, il bénit
l'enfance. Tous les jeunes arbrisseaux qui croissent autour de
leur père sont également soignés ; il leur est permis de tendre et
d'enlacer leurs rameaux autour de son tronc pour soutenir sa
vieillesse !.....

Si les Arabes, depuis des siècles, et les colons seulement depuis
l'occupation française, au lieu de détruire, de brûler et de couper,
avaient imité les descendants des anciens Talestris, et la sensibi-
lité du bon et sage Américain, l'Algérie, les côtes nord d'Afrique
n'auraient pas à déplorer leur nudité et leur solitude ; elles seraient
ornées et vivifiées de ces nobles objets de l'affection de nos ancêtres et de nos frères.

Si, faut-il le dire ? le fonctionnaire algérien avait voulu se
donner la peine de faire exécuter les conditions de reboisements
et de plantations imposées aux colons !

Mais non.

Les anciens, beaucoup plus voisins que nous des beautés de la
nature primitive, avaient leurs déités tutélaires des forêts ; les
dryades et les hamadryades étaient chargées de les habiter et de
les garder, ainsi que les divinités foraines, comme le dieu Pan,
les faunes, les sylvains et les satyres : ils avaient sûrement puisé
cette mythologie champêtre dans ce charme intime qui remplit
le cœur de l'homme dans la solitude de la pensée si naturelle et
si douce que des esprits conservateurs président aux différents
règnes de la nature.

Avec les déités tutélaires ont disparu, sur les côtes nord d'A-
frique, comme dans le vieux monde, en Asie et en Europe, les fo-

rêts, les sources, les ruisseaux, les rivières et les fleuves. Alors les vents dévastateurs ont commencé leur règne ; les pluies sont devenues plus rares ; les météores ont été changés ; la stérilité s'est avancée, et des contrées jadis fertiles sont devenues stériles et désertes (1).

Ce sentiment religieux, qui anime tout à coup sous les formes les plus respectables tous les objets de la création, et dont avaient été saisis nos ancêtres, n'est pas étranger à notre religion, si im-

---

(1) Le nouveau monde, la jeune Amérique, dont le climat et la richesse du sol sont tant vantés par M. Emile Carrey dans son long article du *Moniteur universel*, marche à grands pas vers cette ruine certaine, et il conservera moins longtemps que le vieux monde, à n'en pas douter, moins longtemps que la vieille Afrique aux saharas pelés, son atmosphère humide, son égale chaleur, ses tièdes et douces brises, son humus aqueux, ses pampas boisées déjà dénudées, ses vertes savanes déjà appauvries, ses hautes et impénétrables forêts déjà éclaircies et diminuées.

Qui a dit que, dans un temps très-court, le climat de la jeune Amérique, subissant les conséquences des déboisements comme la vieille Afrique les a subies, la végétation des palmiers qui ont aujourd'hui 110 pieds sur les Cordilières, ne deviendra pas pauvre, basse de formes, rabougrie ? Les palmiers de nos possessions africaines atteignent cette élévation, et ces magnifiques et majestueux arbres la dépassent dans la régence de Tunis, dans l'Etat de Tripoli et en Egypte. Chaque tête de palmier, dans ces contrées du nord de l'Afrique déboisées, laisse pendre un régime de fruits dorés dont le poids atteint souvent 80 et 100 livres.

Qui a dit que le manguier aux feuilles de bronze toujours vertes, aux fruits tentateurs, aux mangues d'or, lorsque la cupide civilisation aura entièrement dépouillé le jeune continent de son riche vêtement arborescent, ne perdra pas les beautés qui le font admirer de M. Emile Carrey ?

Cet auteur met au-dessus de l'olivier, de ce roi des arbres aux fruits alimentaires, utiles, indispensables, le manguier aux fruits de luxe !

L'olivier au feuillage grêle et poudreux, dit-il dans le nnméro du 4 juin dernier, *aux sèches olives, n'est pas le manguier.*

Une comparaison est-elle à établir entre ces deux arbres ?

Le feuillage de l'olivier cultivé en Algérie, comme dans tout le nord de l'Afrique, n'est ni grêle ni poudreux, comme le dit l'auteur de la série d'articles intitulés : *l'Algérie en* 1859 ; les olives qu'il produit sont grosses et bonnes. Il croît sur toute la côte avec force, il y acquiert des proportions gigantesques, et sa végétation y est luxuriante : aussi peut-on dire des côtes africaines qu'elles sont particulièrement la région sinon la patrie même de l'olivier.

— Lorsque les grandes feuilles luisantes du beau bananier des Antilles, aux reflets de moire, n'auront plus d'arbres pour les abriter, pour les protéger contre la

posante dans la hiérarchie des protections célestes qu'elle nous présente.

Cette religion, qui défend tout ce qui est mal, comme elle commande, au nom de la Puissance divine, toutes les œuvres du bien, pourrait, *du haut de la chaire*, exercer, le gouvernement aidant, une grande influence sur la conservation des innombrables sources de fertilité que Dieu avait répandues sur la terre, et que la négligence, la paresse, la cupidité de l'homme, des guerres de dévastation, l'ignorance, et plus encore la civilisation ont fait disparaître.

La civilisation entraîne la ruine du monde !

Avec la civilisation, les sciences et les arts font des progrès et l'agriculture recule.

Nous marchons vers la décadence en agriculture ; l'art de cultiver le sol, abandonné à des mains ignorantes, perd chaque jour de plus en plus.

Cependant à l'agriculture seule a été confié le noble soin de nourrir le genre humain et d'entretenir la vie dans chaque

---

violence des vents, comme celles du bananier algérien, elles pendront alors déchirées et jaunes. Les belles bananes de ce gros roseau spongieux, si douces qu'on les prendrait pour une crème parfumée, pourront perdre de leur parfum et de leur qualité. Dans tous les cas, j'ai été à même d'établir une comparaison entre les bananes du nouveau monde et celles du vieux sol africain, et je n'ai trouvé aucune différence, ni de goût, ni de qualité, ni de grosseur ; et, aux régimes des bananiers du nord de l'Afrique, il n'est pas rare de compter usqu'à cent cinquante fruits sur chacun. Les bananiers des Antilles, du Mexique, du Brésil ou du Pérou ne sont pas plus productifs.

Je me rappelle qu'il n'y a pas encore quatre ans, je choisissais au jardin d'essais au Hamma, pour être envoyé en Crimée par la belle frégate à vapeur *le Phlégéthon*, à un de nos illustres généraux d'Afrique devenu maréchal, et dont le nom à bien des titres mérités est grand aujourd'hui, une tige de bananier portant un régime comptant cent soixante bananes.

Ce gros roseau aux larges feuilles, au grand étonnement de l'illustre personnage, fut, à l'arrivée du bateau, planté devant sa tente, laissant pendre son régime aux bananes dorées sur un sol étranger.

homme. De tous les métiers, de tous les arts, le labourage est le premier.

Que le cultivateur sache donc bien, et le cultivateur algérien surtout, que la terre n'est fertile qu'autant qu'elle jouit du degré d'humidité nécessaire pour produire la fermentation des corps et la dissolution des sels qui doivent nourrir les germes qui lui sont confiés ; que cette vivifiante fonction a été déléguée aux forêts et aux arbres plantés en lisières, qui modifient, pour l'Afrique, les vents secs et desséchants, les chaleurs brûlantes ; pour l'Europe, les vents froids et glacés, secs ou humides.

Ce sont les arbres qui font ruisseler doucement sur la terre les pluies et les rosées ; si l'homme les anéantit, alors tout éprouve une révolution funeste : des milliers d'êtres disparaissent, les rosées s'éloignent, les sources tarissent, les ruisseaux diminuent, les pluies deviennent torrentielles et tombent, pour l'Afrique, sans intermittence pendant les quatre mois de l'hiver (j'ai fait connaître précédemment les causes de ce phénomène) ; le soleil brûle la terre en été sans la féconder ; les vents âpres de l'ouest et du nord abîment, renversent les récoltes ; et ceux de l'est et du midi gercent la terre et la frappent de stérilité. A ces résultats funestes mais certains, il faut ajouter l'accroissement aussi certain du nombre et de la véhémence des ouragans.

Les plantations d'arbres sur les lisières et dans l'intérieur des champs font le bonheur des contrées, en ce qu'elles donnent de riches produits soit en fruits, soit en bois, sans demander ni les travaux du labour, ni les sacrifices des semailles. Ces mêmes arbres abritent, protégent et avancent la végétation ; ils offrent leur ombrage aux hommes et aux animaux, des berceaux aux habitants des airs et un refuge à ceux des plaines ; ils bravent les grêles, les orages et les inondations qui détruisent les récoltes ; leurs fruits dédommagent le laboureur de ses pertes et diversifient ses mets ; en outre, chaque année ils enrichissent encore les propriétaires, dans la surabondance de leurs rameaux, d'un combustible précieux.

Ce n'est point assez de ces objets d'utilité, ils impriment aussi aux campagnes cette physionomie attrayante qui exerce sur la moralité du peuple une influence qu'on n'a pas encore assez appréciée (1).

Les riches champs de la Normandie, peut-être les plus féconds de l'univers, doivent une partie de cette fécondité qui se soutient depuis des siècles, à ce que chaque habitation rurale est entourée d'une petite forêt d'arbres fruitiers et forestiers qui entretient dans l'intérieur une température douce, uniforme, et cette humidité si précieuse, si indispensable à toute végétation.

Que l'on considère en France tous les clos, surtout les vergers, on verra que l'herbe y est d'un mois plus précoce que dans les prairies découvertes, exposées aux hâles desséchants et aux vents froids ou brûlants.

Les bois offrent également, dans leur enceinte et sur leurs lisières opposées au nord, les fleurs et les feuilles toujours plus tôt que les campagnes non abritées, ce qui prouve que la température est plus douce, la végétation plus précoce et d'une durée plus longue partout où il se trouve des arbres et des abris.

---

(1) L'homme des campagnes, qui respire un air pur et doux que les arbres ont aspiré par leur feuillage, puis rendu par l'expiration en un air plus doux et plus pur encore, ne doit-il pas être plus doux lui-même, moins emporté, plus paisible que l'homme des villes, qui journellement respire un air méphitique dont les éléments renferment la corruption ?

Voyez dans des rues larges, aérées, propres et souvent voisines de salubres plantations de grands arbres, de charmants bosquets, de massifs de verdure, de parterres garnis de fleurs, l'homme qui, il y a quelques jours seulement, avant les démolitions du vieux Paris, habitait les maisons sales et dégoûtantes de rues toujours humides, étroites, sombres, privées d'air, et où les rayons du soleil ne pénétraient jamais.

Vous remarquerez que cet homme n'est déjà plus le même; il paraît moins abruti, son caractère est plus doux, plus raisonnable.

Etudiez l'homme qui habite quelques-unes de ces rues étroites encore existantes où l'air est corrompu, et vous jugerez alors de la différence.

Pourquoi n'en serait-il pas ainsi de l'homme, puisque la bête féroce, qui ne marche que la nuit, qui ne fréquente que les lieux fourrés et privés du grand jour, et à laquelle les creux des rochers et les grottes souterraines servent de repaires infects, est d'un caractère plus farouche, plus sanguinaire que la bête féroce d'une autre espèce, qui parfois, sous un soleil de midi, erre çà et là dans les campagnes aérées?

Il est facile de concevoir la prospérité, l'ornement et la richesse qui se répandraient en Algérie si le colon entourait, comme en Normandie, chaque terrain de ces verdoyantes ceintures d'arbres fruitiers et forestiers ; l'Algérie deviendrait une forêt d'arbres à fruits et ses champs des vergers.

L'effet des abris, trop palpable à mon sens, ne peut donc être l'objet d'un doute : l'usage n'en est-il pas généralisé dans nos jardins ; par un simple mur n'arrête-t-on pas, ne fixe-t-on pas d'une part les rayons solaires pour obtenir les meilleurs et les plus beaux fruits, tandis que derrière on arrête les influences ennemies de ces productions ?

Le jardin impérial des plantes de Paris, le jardin d'essais au Hamma, près Alger, établissements où la science, toujours d'accord avec la nature, laisse entrevoir quels pouvaient avoir été les charmes de la terre dans son origine, et combien il serait facile de les lui rendre, présentent plusieurs exemples de hautes palissades de thuyas, de cyprès, de genévriers, souvent entremêlés de genêts d'Espagne et d'autres arbustes toujours verts, destinés à abriter contre les vents froids les plantes exotiques.

L'Algérie reboisée et par des plantations raisonnées peut devenir une des contrées les plus riches et les plus attrayantes de la terre.

Alors son climat, chaud et sec, deviendrait humide comme celui de la jeune Amérique ; la terre, brûlante et desséchée en été, cesserait d'être aride ; les chaleurs y seraient rafraîchies ; la température n'y serait plus soumise à des variations excessives et subites ; les pluies y deviendraient plus fréquentes et moins torrentielles, moins continues ; les orages y seraient moins rares, les rosées plus abondantes ; les gelées blanches, aux pieds des montagnes et dans les vastes plaines privées d'arbres, disparaîtraient pendant l'hiver ; les campagnes ne seraient plus brûlées par les rayons ardents du soleil, et les vallées ne seraient plus sauvages ; la solitude disparaîtrait ; la vie, la sérénité renaîtraient ; l'abondance régnerait de nouveau sur les côtes nord d'Afrique, et la nature cesserait d'y être torride, nue et sauvage !

Les fleuves, les rivières, les ruisseaux ne tariraient plus ; quelques fleuves pourraient devenir flottables, même navigables, tels sont la Seybouse, l'Arrach, l'Oued-Djer, le Chéliff, la Macta, etc.

Les pluies étant plus fréquentes et moins torrentielles, la terre couverte d'arbres serait moins sujette à l'évaporation ; les sources ne dégénéreraient plus en suintements, ou même en simples humidités ; elles ne tariraient plus aux premières chaleurs du brûlant été, protégées par l'ombre du feuillage des arbres; les eaux des fleuves seraient nécessairement moins rapides et moins torrentielles ; elles cesseraient de quitter leurs lits pour raviner le pays tourmenté.

Les saisons deviendraient plus régulières, mieux marquées.

Par des plantations d'arbres de haute futaie sur le sol du nord de l'Afrique, le caractère dominant de ce beau pays cesserait donc d'être la sécheresse pendant l'été; son sol ne serait donc plus aride ; sa végétation cesserait d'être maladive et rabougrie ; sa solitude disparaîtrait ; son aspect ne serait plus morne et nu; les arbres cesseraient d'être rabougris et toujours arbustes.

Les vents perdraient de leur violence, de leur impétuosité ; le siroco, adouci par les feuïllages et les branchages des arbres, serait moins brûlant, moins desséchant.

Quant aux pluies de sable tamisé dont parle M. Emile Carrey dans le n° du 23 septembre dernier, et que l'Algérie entière reçoit jusque sur le rivage de la Méditerranée, depuis dix-sept ans que j'habite l'Algérie, je n'ai pas encore eu occasion de les remarquer ; ni mes vêtements ni ma barbe n'ont jamais été couverts d'un sable aussi abondant et aussi incommode, et encore moins ma gorge en a été saturée, comme celle du sérieux auteur de *l'Algérie en* 1859.

Et, cependant, j'ai visité toute l'Algérie ; je suis resté trois ans sur les plus hautes montagnes ; j'ai habité le littoral, les plaines; j'ai parcouru le département d'Alger en tous sens, du nord au midi et de l'est à l'ouest; j'ai visité celui de Constantine; je connais celui d'Oran que je viens de quitter.

Je n'ai même pas remarqué cette pluie incommode dans les sables eux-mêmes qui couvrent l'est et le sud de la régence de Tunis, et l'État de Tripoli (J'ai mis une année pour me rendre de Bone à Bengasi, frontière d'Egypte, couchant dans les fondouchs ou hôtelleries arabes, sous la tente, dans les oasis, et le plus souvent sur des sables brûlants et découverts.)

Pas une seule fois, je puis l'assurer, mon papier, lorsque j'ai pris des notes dans ce long et pénible voyage, ne s'est couvert de sable, même par les vents de *siroco* les plus chauds et les plus forts.

Comme ces pluies abondantes de sable qui viennent, d'après M. Emile Carrey, incommoder les promeneurs jusque sur les rivages de la mer, n'existent que dans son imagination, un remède ou un moyen pour s'en garantir me paraît inutile à chercher.

Le genre romantique se permet bien des écarts lorsqu'il s'agit du vrai et du sérieux : aussi, je m'adresse à ceux qui voudront bien me lire, ne croyez pas aux craquements exagérés des meubles, des boiseries et des tentures des maisons, lorsque le siroco vient à souffler ; ne croyez pas que ce vent occasionne le racornissement des fleurs, des plantes et des feuilles séchées et bruissantes, comme après un incendie voisin ; ne croyez pas que pendant sa durée, les animaux semblent consternés, et que l'homme soit abattu et irritable, presque sans force, sans volonté, sans désirs, ainsi qu'un malade au sortir d'une souffrance nerveuse.

L'influence du siroco est bien moins grande et peu à craindre.

Je reviens à mon sujet.

Si les côtes nord d'Afrique étaient reboisée, on ne rencontrerait plus dans les campagnes et sur les routes, dans les vallées et sur les déclivités des collines les bœufs et les moutons petits et maigres, toujours suivant M. Emile Carrey (1) ; ils pourraient

---

(1) Les bœufs, à la vérité, sont très-petits ; mais les moutons algériens sont au moins aussi grands, et peut-être plus grands que ceux de France.

alors paître une herbe mieux nourrie ; ils rencontreraient des abris, pourraient éviter les rayons ardents du soleil, et les espèces ne tarderaient pas à s'améliorer.

Alors on verrait des oiseaux passer dans le ciel, ce que reproche M. Emile Carrey aux côtes algériennes ; on les entendrait chanter sous la feuillée ; les papillons paraîtraient dans l'air, des insectes nombreux couvriraient le sol.

Enfin, lorsque la nature végétale serait régénérée, les conditions hygiéniques ne seraient plus douteuses, et les fièvres intermittentes finiraient leur règne, ou au moins feraient moins de ravages.

L'abandon, la solitude et la mort cessant de planer dans l'air, les arbres pouvant permettre à l'homme d'éviter les rayons ardents d'un soleil de feu, brillant comme une lumière électrique, le climat étant devenu plus doux, le beau ciel de l'Algérie serait recherché, et la nature, sur les côtes algériennes, perdrait son aspect morne.

Homme, aveugle instrument des destructions qui existent, comme tu en es l'aveugle victime, tu peux, par des plantations nombreuses et raisonnées, réparer le mal que tu as fait ; tu peux conjurer les maux qui pèsent sur toi, et qui menacent de t'accabler chaque jour de plus en plus.

Par les reboisements, tu peux, dans un temps très-rapproché, rendre à l'Algérie, à ces côtes africaines devenues arides à l'œil et désertes, leurs anciennes richesses, et changer en un climat doux et humide leur climat dur et sec.

L'Algérie étant revêtue d'un nouveau vêtement végétal, et à cette condition seulement, le latanier, l'avocatier, l'ananas, les ficus, le goyavier, le caféier, la canne à sucre, le cactus ou nopal cochenillifère (1), le *crotum sebiferum*, le *sapindus saponaria*, l'arbre à thé, le vanillier, le *laurus camphora*, le quinquina,

---

(1) Le *cactus coccinillifera* végète parfaitement en Algérie ; mais la cochenille, qui vit sur ses feuilles, craint les grands vents, les pluies torrentielles en hiver, et les fortes chaleurs en été.

les bambous, le manioc, l'*horenia dulcis*, l'*eugenia Micheli* et une multitude d'autres arbres et de plantes exotiques pourront vivre et prospérer, et leur végétation pourra devenir aussi belle que dans les contrées les plus riches de la jeune Amérique (1).

Je n'ai pas compris le bananier au nombre des végétaux ne pouvant réussir aujourd'hui sur le sol dénudé du nord de l'Afrique, parce que la culture de ce végétal y réussit parfaitement, et que les figues qu'il donne sont tout aussi bonnes que celles cueillies sur les bananiers des Antilles ou du Brésil (2).

---

(1) Sans chaleur humide, sans abris, l'ananas, l'arbre à thé, le vanillier, le quinquina, les bambous, le manioc, et particulièrement le caféier, qui aime le bord des ruisseaux et la protection des grands végétaux, les vallées humides et les déclivités d'où sortent des suintements, ne peuvent réussir sur le sol africain : inutile donc de songer à ces cultures, tant que l'Algérie ne sera pas reboisée, et que la richesse de son climat ne sera pas changée en une humidité bienfaisante. Tous les essais qui ont été faits jusqu'à ce jour sur l'acclimatation de ces végétaux n'ont pu entraîner le colon que dans de fausses voies et de folles dépenses, et l'Etat dans des sacrifices d'argent inutiles et coûteux.

(2) Le bananier croît en Algérie à la hauteur de 4 à 5 mètres. Sa tige, formée de pétioles enveloppées les unes par les autres, verte, luisante, spongieuse et remplie de sucs, provient d'une grosse racine qui est liée à la terre par plusieurs autres petites racines blanches ; ses feuilles, longues de 1 à 2 mètres et larges de 35 à 40 centimètres, viennent au haut de la tige, au nombre de 8 à 12 ; elles sont d'un beau vert, flexibles et satinées. Les fleurs sont jaunes, assez originales, longues d'environ 25 centimètres et recouvertes de bractées violâtres : ces fleurs, groupées sur un axe commun, se changent en fruits appelés *bananes*, qui, sous la forme d'une grappe, prennent le nom de *régime*.

Les feuilles du bananier sont un excellent fourrage pour les bestiaux, etc., etc... Son fruit, comme je l'ai dit plus haut, ressemble à une énorme grappe, qui fait la charge d'un homme, et contient, terme moyen, cent bananes. La chair de cette figue est un aliment des plus salutaires, savoureux et fort nourrissant. La banane, etc., etc.

Après dix-huit ou vingt mois de plantation, le bananier produit un régime ; sa tige se flétrit et meurt ; il faut alors la couper ; mais elle est remplacée par quatre ou cinq rejetons, dont deux ou trois, l'année suivante, portent fruit, meurent et sont eux-mêmes remplacés chacun par un nombre triple de jeunes pousses qui fructifient successivement, et qu'il est bon de ne pas laisser multiplier au delà de douze.....

Les frais de culture du bananier sont minimes par rapport aux produits : j'évalue à 50 centimes par pied les sarclages et binages qui doivent être faits chaque année, ce qui constituerait pour un hectare complanté de 3,000 bananiers, je suppose,

Je n'ai pas compris non plus le cotonnier, parce que les plantations de cet arbuste peuvent rivaliser avantageusement dès aujourd'hui avec celles de la Géorgie et de la Louisiane, par l'abondance des produits et la qualité des cotons.

Le cotonnier verse, sous le ciel du nord de l'Afrique, en Algérie, le coton par flots, tout aussi bien que sous le ciel américain; les capsules qu'il donne ne sont point rares, mais très-nombreuses, et de ces capsules s'échappent un très-abondant duvet d'une qualité supérieure.

J'ai quitté, il y a quelques jours seulement, des cotonniers que j'ai plantés moi-même et des plantations que j'ai conseillées dans la circonscription que j'ai dirigée dans le département d'Oran pendant huit mois, comme inspecteur de colonisation, *emploi créé, mais qui n'a jamais existé, et dont les préfectures ont fait jusqu'à ce jour une véritable sinécure ou charge salariée sans fonctions,* et les sujets avaient une végétation des plus belles et des plus riches; cent capsules de la grosseur d'un œuf de poule arabe couvraient leurs branches nombreuses et touffues.

La culture du cotonnier ne peut être mise en doute en Algérie; elle lui est assurée pour tous les terrains irrigables, soit naturellement, soit au moyen de norias, et, à dater du jour que l'Algérie sera reboisée, que les sources auront reparu et que la terre aura atteint un certain degré d'humidité, le cotonnier y réussira tout aussi bien sans irrigation que dans les terrains humides et chauds du nouveau monde (1).

---

une dépense de 1,500 fr. ; tandis que la récolte de ces mêmes bananiers, que je porte seulement à 2,948 régimes, représente une valeur de 8,844 fr., en évaluant le prix de chacun à 3 francs. (Céleste Duval, *Annales de la Colonisation*, juillet 1855.)

(1) La culture du cotonnier est nouvelle en Algérie ; elle doit être étudiée avant d'être entreprise, ce qui doit avoir lieu pour toutes les innovations et améliorations en culture. Pour réussir, il faut le secours des lumières et de l'expérience.

Malheureusement le cotonnier a toujours été planté au hasard par le plus grand nombre des cultivateurs algériens, cause souvent de la non réussite. C'est ce qui a fait dire à une foule de colons, dépourvus de connaissances suffisantes, que le cotonnier ne réussissait pas en Algérie.

L'ignorance et aussi l'indifférence ont opposé de grands obstacles au succès de la

Un cultivateur espagnol des environs d'Arzew, province d'O-
ran, me faisait connaître il y a huit mois qu'un hectare, irrigable
au moyen d'une noria, planté en géorgie, lui avait donné pour
2,500 fr. de coton.

« L'année prochaine, me dit cet Espagnol en me quittant, j'en
ferai deux hectares, je continuerai cette culture pendant quelque
temps, et j'espère avant dix années rentrer en Espagne avec une
fortune suffisante pour pouvoir me permettre de vivre dans une
certaine aisance. »

En 1858, les cultures cotonnières ne dépassaient pas deux hectares et cinquante ares aux environs d'Arzew; cette année, en-
couragés par la réussite de l'Espagnol dont je viens de parler, six
colons ses voisins ont fait construire des norias et ont planté qua-

---

culture de ce précieux végétal; mais ces obstacles sont faciles à faire disparaître.

La culture du cotonnier a été introduite dans des lieux plus septentrionaux que
l'Algérie; elle a été étendue peu à peu vers le nord dans l'ancien et le nouveau
continent, jusqu'au 44ᵉ degré de latitude et même jusqu'au 48ᵉ.

L'Algérie est située entre le 33ᵉ et le 36ᵉ degré ; la culture du cotonnier réussira
donc en Algérie, malgré tous les verbiages de ses ennemis ignorants, et bientôt, avec
de la persévérance, cette colonie aura des variétés de ce végétal qui lui appartien-
dront, des variétés particulières à son sol et à son climat.

Que le colon s'applique à recueillir et à mettre de côté pour semence les grains
des premières capsules formées.

Le cotonnier est aujourd'hui cultivé avec succès dans diverses contrées de l'Asie
qui ont avec notre colonie de grandes analogies de climat, et s'avance dans le nord
de cette partie du monde jusqu'au 41ᵉ degré de latitude, aux environs de Pékin, où
les froids sont rigoureux durant l'hiver.

La culture réussit jusqu'au 44ᵉ degré de latitude dans les parties de l'Asie qui
avoisinent le Caucase, la mer Caspienne et la mer d'Azof; elle s'avance même dans
l'Ukraine, entre le Don, le Mantsch et le Kouban, c'est-à-dire depuis le 44ᵉ degré de
latitude jusqu'au 48ᵉ.

La Syrie, la Perse, dont le climat est moins doux que celui de l'Algérie, produi-
sent une immense quantité de coton.

En Amérique, la Caroline du Sud, située entre le 32ᵉ et le 35ᵉ degré ; la Caroline
du Nord, située entre le 33ᵉ et le 36ᵉ ; la Virginie, renfermée du sud au nord, depuis le 36ᵉ jusqu'au 40ᵉ, c'est-à-dire plus au nord que la partie la plus septentrionale
de nos possessions africaines ; la Delaware et le Maryland, fournissent des quantités de coton considérables, et l'on sait qu'en Amérique, à latitude égale, le froid est
plus hâtif et plus intense que dans l'ancien continent.

En Europe, la culture du cotonnier réussit depuis le 36ᵉ degré de latitude jus-

torze hectares en cotonniers Géorgie, qui promettent de donner une récolte dont le produit pourra s'élever au minimum à 2,500 fr. par chaque hectare.

La culture du cotonnier ne ruine donc pas ses cultivateurs; elle peut donc se soutenir et vivre sans les primes !

Il ne faut pas s'imaginer que l'Américain a acclimaté le cotonnier dans certaines contrées du nouveau monde très-facilement et très promptement ; il a tenté des essais pendant de longues années sans réussir, sans pouvoir même obtenir les résultats que les colons européens ont obtenus dès la première année de la mise en culture de cette précieuse malvacée.

---

qu'au 41ᵉ. Il est cultivé dans quelques cantons de la Sicile, dans l'île de Lipari, où j'ai vu des plantations superbes de nankin et de jumel. Il est cultivé avec succès dans les îles de l'Archipel ; dans le royaume de Naples, il réussit assez bien ; il a été cultivé avec quelques succès en Espagne, dans l'Andalousie.

Dans la Grèce, la Macédoine et l'Anatolie, où les froids sont rigoureux, la récolte du coton est importante.

Tous les pays que je viens de citer ont un climat moins chaud que celui de l'Algérie ou qui en diffère peu, et ce n'est pas sans peine que les habitants de certaines de ces contrées y ont acclimaté le cotonnier.

Le climat de l'Algérie est situé, comme je l'ai dit plus haut, entre le 33ᵉ et le 36ᵉ degré de latitude. Si donc les contrées dont j'ai parlé sont susceptibles de produire de belles et bonnes récoltes de coton, l'Algérie offre à cet égard plus de probabilités encore. En examinant la température et la facilité avec laquelle y croissent des plantes indigènes des pays les plus chauds, il n'est pas permis de douter que la culture du cotonnier ne puisse réussir sur son sol riche et fertile.

Mais, je le répète, il faut que le cultivateur soit conduit et dirigé pendant quelques années.

Le cotonnier peut prospérer en Algérie sur tout le littoral méditerranéen, comme plante annuelle, jusqu'à une élévation de 800 mètres au-dessus du niveau de la mer ; il peut être cultivé avec le plus grand avantage comme plante bisannuelle, et même vivace, dans l'intérieur, à El-Aghouat, etc. Dans la régence de Tunis, à Souse, à Sfax, il vit plusieurs années et demande peu de soins de culture. — J'ai vu aux environs de cette dernière ville, en 1850, des plantations de cotonniers superbes qui s'élevaient jusqu'à 2 mètres, et étaient, à la fin de juin, chargés d'un nombre infini de capsules énormes, laissant flotter au souffle des vents leur soyeux coton d'une blancheur éblouissante.

Le climat de ces deux dernières contrées est absolument le même que celui d'El-Aghouat.

Quelles sont donc les causes qui peuvent attirer tant d'ennemis ignorants contre la culture cotonnière en Algérie, et d'où viennent-elles, ces causes ? (CÉLESTE DUVAL. — *Moniteur de la Colonisation*, 1ᵉʳ octobre 1857.)

En 1736, le cotonnier, qui fait aujourd'hui la richesse de l'Amérique du Nord, n'y existait qu'à l'état de plante d'agrément. En 1784, *huit* balles de coton américain furent saisies par la douane anglaise, par la raison que les États-Unis ne pouvaient en exporter une aussi grande quantité. En 1790, l'exportation fut de 80 balles. En 1853, elle a atteint le chiffre de 3,262,882 balles.

En 1837, le cotonnier était introduit dans la culture en grand de la Rhegaia, province d'Alger, et, en 1858, il couvrait une superficie d'environ deux mille et quelques cents hectares, dans les trois provinces d'Alger, d'Oran et de Constantine.

Dans dix années, telle est ma conviction, la culture du cotonnier, loin de ne plus exister en Algérie comme le croit M. Emile Carrey, aura doublé la surface qu'elle couvre aujourd'hui, parce que le cotonnier y vit et prospère.

Dans trente années, telle est encore ma conviction, lorsque de nombreuses norias auront été établies, que des barrages auront été placés sur les ruisseaux, dans les ravins, au pied des montagnes et entre les parties de montagnes très-rapprochées, la culture du cotonnier couvrira une grande partie du sol de l'Algérie.

La culture du cotonnier est appelée à faire un jour la fortune de l'Algérie et celle de la France.

J'ai déjà dit que les capsules du cotonnier algérien étaient de la grosseur d'un œuf de poule arabe, et que les cotons étaient abondants et d'une qualité supérieure : il est très-facile de s'en assurer en allant visiter l'exposition des produits de l'Algérie et des colonies, qui se trouve aujourd'hui dans le palais de l'Industrie, et en comparant les capsules récoltées en Algérie à celles venues de nos colonies d'Amériqu.

Il me reste encore à parler du tabac, dont la qualité, suivant les goûts de M. Emile Carrey, est plutôt mauvaise que bonne. Comme je ne suis pas fumeur, je ne puis m'en rapporter qu'à l'opinion générale ; je reproduis donc ici quelques lignes d'un travail explicatif sur l'exposition permanente des produits de l'Algérie fait ar un auteur très-bien renseigné.

« Le tabac d'Algérie se classe dans les tabacs à fumer, dont la France est absolument dépourvue pour les cigares, et bien insuffisamment approvisionnée pour la pipe par les départements du Pas-de-Calais et du Bas-Rhin. Au début, l'on avait importé de l'arrondissement de Saint-Omer la variété dite Philippin, reconnue la meilleure de France ; mais sous le climat algérien elle a totalement dégénéré, et l'on a dû revenir au tabac indigène, acclimaté depuis des siècles, surtout à la variété dite *Chebli*, dont les manufactures françaises proclament tous les ans la supériorité. Sa valeur est telle que les fabricants indigènes la paient quelquefois au prix de 200 fr. le quintal métrique, prix dont approchent les produits des Krachenas et des Beni-Chelib, autres indigènes de la Métidja. »

D'un autre côté, maints et maints fumeurs que j'ai interrogés sur la qualité du tabac algérien m'ont répondu : Pour la pipe, le tabac français est préférable, parce qu'il est plus fort ; mais pour le cigare, le tabac d'Alger l'emporte, parce qu'il est très-doux, et qu'il possède un arome qui plaît, et un goût plus fin.

Le tabac est une plante qui appauvrit la terre, en ce que tiges et feuilles sont enlevées sans qu'aucun de leurs débris soit rendu à cette terre. Le colon n'ayant pas de bétail et ne faisant, par conséquent pas de fumier, je l'engage peu à entreprendre sa culture.

Je reviens à mon sujet, dont je me suis encore écarté.

Pour le moment, dans ses plantations, le colon, à l'effet de régénérer la nature végétale sur le sol algérien, doit donner la préférence aux arbres d'essences indigènes, ou à ceux déjà acclimatés, à ceux qui supportent le mieux la sécheresse, les plus utiles et les plus productifs, tels sont :

Le thuya, qui donne le plus beau bois d'ébénisterie connu (1), le cyprès, le pin d'Alep, le franc pin, le pinastre, les cèdres, arbres

---

(1) Le thuya est commun dans toute l'Algérie. — Le bois qu'il fournit était fort apprécié dans l'antiquité. Au dire de Pline, *le citre* (c'était son nom alors) fut bientôt épuisé par le luxe romain : on en faisait des tables qui se vendaient à des prix fabuleux. Les meubles en *citre* devinrent l'objet d'une véritable passion. Les

des hautes montagnes et des abris, au bois odorant, l'olivier, les chênes, le lentisque, le micocoulier, le sumac, le sorbier, le caroubier, le châtaignier, le figuier, l'amandier, le cognassier, l'abricotier, le pêcher, le néflier du Japon, l'azerolier, le pistachier, l'*anona cherimolia*, le frêne, l'ormeau, le platane, les peupliers, les saules, le ricin, le jujubier, etc., cultivés suivant les indications que contiennent les bons ouvrages d'agriculture : alors les huiles, les beurres, les lards, tous les genres de volailles, de viandes, se trouveront en abondance.

Que le colon s'applique surtout à faire de nombreuses plantations d'oliviers, car cet arbre est le roi des arbres (*olea. prima omnium arborum est*) (1). Il supporte parfaitement la sécheresse : il réussit dans les terrains rocailleux et secs, sur les terrains montueux et en pente, comme dans les plaines humides et arides.

Qu'il fasse choix du chêne à cochenille (*quercus pseudo-coccifera*), dont les Tyriens auraient couvert la terre s'ils l'eussent connu, au lieu de chercher leur couleur pourpre dans le buccin, au fond des mers.

---

femmes à qui leurs maris reprochaient le luxe de leurs parures ripostaient en les raillant sur leurs manies des tables de citre. Cicéron paya une de ces tables un million de sesterces (environ 250,000 fr.). Pline cite un autre personnage qui alla jusqu'à 1,100,000 sesterces. Dans la succession du roi maure Juba, une table de ce bois précieux fut adjugée au prix de 1,200,000 sesterces (300,000 fr.) La famille de Céthégus en possédait une qui avait coûté 1,400,000 sesterces, environ 350,000 fr. — On recherchait surtout la racine de l'arbre, qui fournissait des pièces ronceuses et offrait les accidents les plus variés. On employait le bois en feuilles de placage, plutôt qu'en massif. Cependant on le sculptait aussi. Dans la vente du mobilier de l'empereur Commode, on remarqua des vases et des coupes de citre. (Pline l'Ancien, XIIIe livre, Chap. xv et xvi.) — *Catalogue des produits de l'Algérie.*

Les qualités du thuya expliquent cette vogue. Aucun bois n'est aussi riche de mouchetures et de veines que la racine du thuya. Son grain est très-fin et susceptible du plus beau poli. Le thuya étant commun en Algérie, il est à désirer que son bois soit remis en honneur.

(1) Le bois de l'olivier est très-riche de nuances et de veines ; facile à travaill r, d'un grain très-fin; il conserve parfaitement le vernis; sa couleur d'un fond chamois clair veiné de brun, le fait rechercher pour les plus riches ameublements. L'olivier est un bois précieux pour le menuisier, l'ébéniste, le tourneur, le tabletier, le sculpteur, le fabricant de marqueterie.

Dans les provinces d'Alger et d'Oran ce chêne est très-commun comme arbre indigène. Sur lui vit le kermès, nom donné à un genre d'insectes hémiptères qui fournissent l'espèce de cochenille portant elle-même ce nom. L'insecte se fixe sous la feuille et sur les petites branches dont il garnit l'épiderme inférieur, prenant la forme d'une petite excroissance rouge, que les Arabes et les colons ramassent en mai et juin, et qu'ils vendent aux juifs, à l'état frais, à raison de 3 francs les 500 grammes.

Si le *quercus coccifera* était cultivé, sa végétation serait plus riche, et la cochenille qu'il nourrit serait plus abondante et plus belle.

Qu'il choisisse le chêne vert (*ilex*) ; le chêne zeen (*quercus Mirbeckii*), arbres des montagnes, dont le bois très-dur et très-lourd est propre aux constructions navales ; le chêne liége (*quercus suber*) ; le chêne à glands doux (*quercus ballouta*) ; le châtaignier (*castanea vesca*). Tous ces arbres croissent spontanément en Algérie.

M. le docteur G.-E. Cornay, de Rochefort, dans un travail qu'il a présenté à l'Académie nationale l'année dernière, dit :

« Les progressions spécifiques des amantacées ou arbres à chaton, parmi lesquels se trouve le châtaignier, pourraient être soumises à la greffe de ce dernier ; elles offrent :

» Le chêne (*quercus robur*) ;

» Le chêne à glands doux de Corse et d'Algérie ;

» L'yeuse ou chêne vert (*quercus ilex*) ;

» Le chêne liége (*quercus suber*), etc. »

Si la greffe du châtaignier pouvait réussir sur ces arbres, cette innovation deviendrait la source d'une richesse inépuisable pour l'Algérie.

Le thuya, le cyprès, les cèdres, le pin d'Alep, le **franc pin**, le pinastre, le lentisque, le micocoulier, le sumac, le caroubier, fourniraient en même temps des bois de construction, d'excellents pignons, des résines, de la térébenthine, du goudron, des écorces, du charbon et d'abondants rameaux. Tous ces arbres sont indigènes de l'Algérie ou acclimatés depuis des siècles.

Le châtaignier, le figuier, le sorbier, l'amandier, le cognassier, l'abricotier, le pêcher, le néflier du Japon, l'azerolier, le pistachier, l'anona cherimolia, le jujubier, etc., fourniraient d'excellents et abondants fruits.

Le frêne, l'ormeau, le platane, les peupliers, les saules, fourniraient du bois pour les constructions et pour le charronnage.

Le ricin donnerait d'abondantes graines oléagineuses ; de larges et nombreuses feuilles qui serviraient à la nourriture du nouveau ver à soie, le *bombyx cynthia*, et pourrait, planté en lisière, fournir d'excellents abris pour protéger les récoltes.

Que, par la plantation de ces arbres producteurs, le colon algérien régénère les faibles sources qui peuvent exister sur sa propriété, de nouvelles viendront se créer à leurs côtés ; qu'il leur donne pour protecteur le *puissant platane,* le *cèdre des eaux et des vallées.* A l'ombre de leur large palais de verdure, les urnes de ses fontaines se rempliront de nouveau ; ces arbres, de leur cime majestueuse et élevée sauront appeler les nuages pour leur rendre leur primitive abondance.

J'ai omis de citer au nombre des arbres qui doivent servir à régénérer la nature végétale sur le sol africain, l'oranger , le mandarinier, le citronnier, le cédratier, le limonier, le pamplemoussier, arbres précieux dont les productions sont les plus exquises de la pomone algérienne. Ces arbres croissent avec vigueur sur tout le sol africain, dans les lieux abrités et irrigués ; partout leurs fruits y viennent à pleine maturité, et ils y acquièrent les qualités les plus parfaites de goût et d'arome, pour peu que la culture vienne en aide à la nature.

Ici je trouve à placer avantageusement *le hideux cactus, à fouillis verdâtres de feuilles chargées d'épines épaisses, et l'aloès à grandes feuilles dentelées, droites comme des glaives !*

Ne faut-il pas des haies solides et impénétrables pour garder les vergers, les jardins et les vignes contre la main des maraudeurs, dans une population composée de toutes pièces ; pour garantir les champs couverts de récoltes et les prairies de la dent des troupeaux appartenant aux Arabes ?

L'agriculture algérienne est très-heureuse de posséder ces deux précieux végétaux que M. Emile Carrey représente comme des horreurs du règne végétal; car ils sont doublement préférables à tous les arbustes épineux et aux ronces que le propriétaire européen emploie pour faire ses clôtures. Les haies qu'ils servent à faire sont solides, impénétrables et indestructibles, et à ces avantages ils réunissent encore celui de donner des produits (1) :

Le cactus (*opuntia vulgaris*) donne d'abondantes figues qui fournissent à l'homme un aliment sain et excellent, et une bonne nourriture pour plusieurs espèces d'animaux domestiques. L'aloès (*agave ferox*), de son côté, donne dans ses feuilles une filasse de belle qualité et d'un bon usage.

Tous les arbres dont j'ai conseillé le choix, étonnés de se retrouver sur la même scène, après tant de siècles de séparation, seraient les éternels préservatifs de la disette et de la stérilité en Afrique; car ce que les coteaux ne produiraient pas dans une année de sécheresse, les vallées et les plaines le remplaceraient. Si une famille d'arbres éprouvait des températures contraires à sa fécondité, ces températures seraient favorables à la famille voisine; ainsi, il y aurait entre l'homme et les arbres fructifères, sur le sol algérien, un pacte de prospérité que ni la diversité des sites, ni les vicissitudes mêmes des saisons ne pourraient jamais altérer.

La plus belle végétation procède de la chaleur, de l'humidité et du calme.

CÉLESTE DUVAL.

---

(1) M. Gallix, inspecteur général au ministère de l'intérieur, et qui pendant dix années a parcouru diverses contrées des Indes occidentales, a fait par lui-même l'expérience de ce que j'avance ici. Propriétaire d'une fabrique dans l'isthme de Tehuantepec, il avait cru pouvoir suffisamment garantir des voleurs d'immenses étendoirs en plein air, en les entourant d'une clôture à l'européenne ; il dut y renoncer, et remplacer les arbustes épineux et la clôture en bois à laquelle ils étaient adossés par *l'aloès à grandes feuilles dentelées*, qui en quelques mois devint une haie parfaitement impénétrable, et les vols cessèrent.

PARIS — IMPRIMERIE CENTRALE DES CHEMINS DE FER DE NAPOLÉON CHAIX ET Cᵉ, RUE BERGÈRE 20, — 9502.

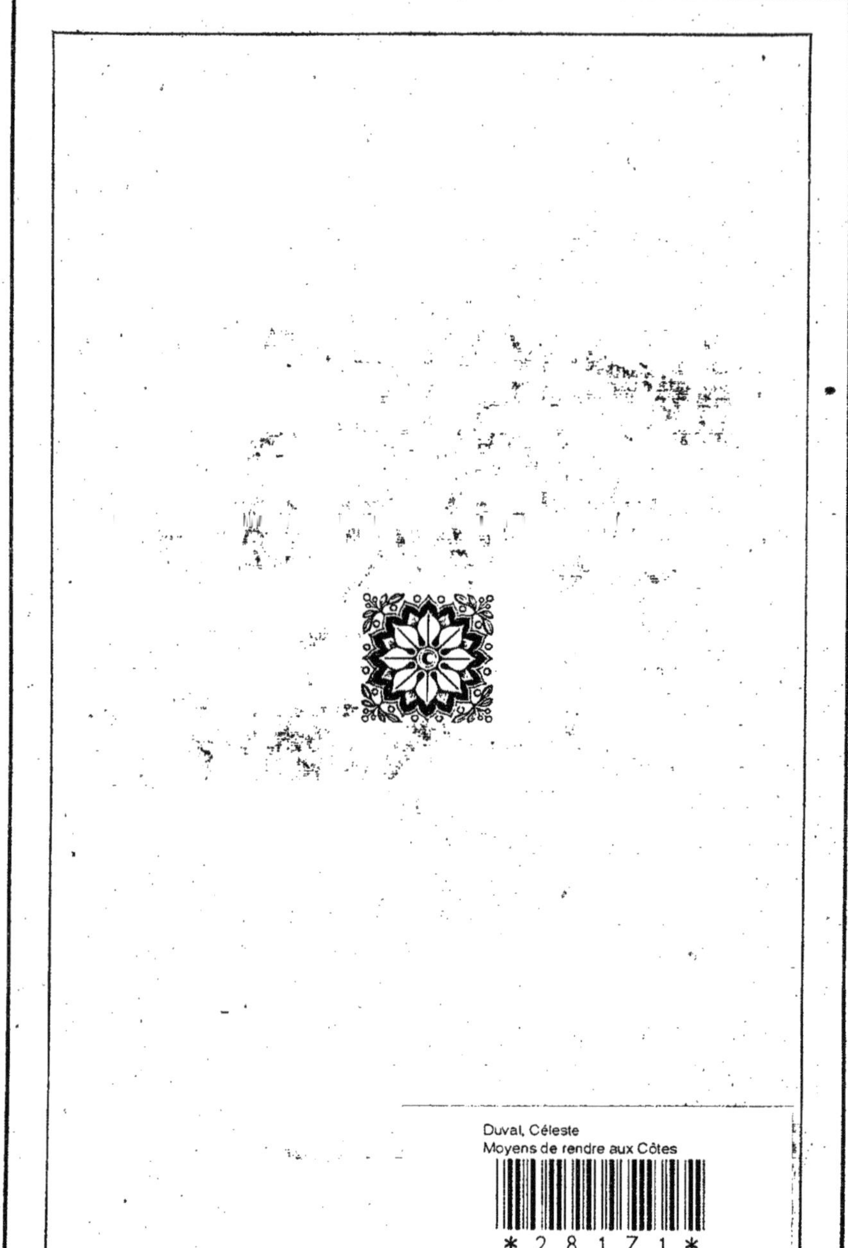

9 782019 714550